U0171723

SHENTONGGUANGDA DE DONGWU BABAMEN
神通广大的动物爸爸们

出版统筹：汤文辉　　美术编辑：卜翠红
品牌总监：耿　磊　　营销编辑：钟小文
选题策划：耿　磊　　版权联络：郭晓晨
责任编辑：霍　芳　　　　　　　张立飞
助理编辑：屈荔婷　　责任技编：郭　鹏

Author: Fleur Daugey
Illustrator: Bruno Gibert
Original edition: Les papas animaux © Actes Sud, France, 2020

著作权合同登记号桂图登字：20-2021-206 号

图书在版编目（CIP）数据

神通广大的动物爸爸们 /（法）弗勒尔・斗盖著；（法）布鲁诺・吉贝尔绘；徐景先译. —桂林：广西师范大学出版社，2021.7
ISBN 978-7-5598-3880-3

Ⅰ. ①神… Ⅱ. ①弗… ②布… ③徐… Ⅲ. ①动物—少儿读物 Ⅳ. ①Q95-49

中国版本图书馆 CIP 数据核字（2021）第 111660 号

广西师范大学出版社出版发行
（广西桂林市五里店路 9 号　邮政编码：541004
网址：http://www.bbtpress.com）
出版人：黄轩庄
全国新华书店经销
北京盛通印刷股份有限公司印刷
（北京经济技术开发区经海三路 18 号　邮政编码：100176）
开本：889 mm × 1 350 mm　1/24
印张：$1\frac{2}{3}$　　字数：35 千字
2021 年 7 月第 1 版　　2021 年 7 月第 1 次印刷
定价：38.00 元

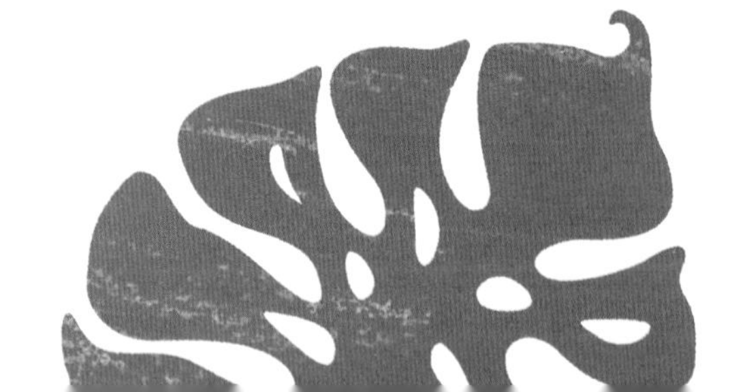

动物爸爸们

[法] 弗勒尔 · 斗盖　著
[法] 布鲁诺 · 吉贝尔　绘
徐景先　译

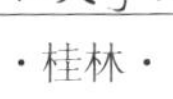
· 桂林 ·

有些动物爸爸，

真是要多么慈爱，有多么慈爱！

在动物世界里，并非所有的动物爸爸和动物妈妈都会为了抚养它们的孩子而辛苦忙碌。有一些动物爸爸和动物妈妈根本不会花时间去照顾自己的孩子，因为它们的孩子从出生开始，就已经有能力去应对生存所面临的困难了，比如大多数昆虫和龟类。而有些动物是动物妈妈独自抚养，比如熊和某些蜘蛛。

我们经常谈论妈妈照顾后代的事情，但却很少谈论爸爸照顾后代的事情。其实，爸爸在抚养后代的过程中也扮演着非常重要的角色！在自然界中，动物爸爸也会通过很多种方式来履行职责。有些动物爸爸是和动物妈妈一起来照顾动物宝宝，有些动物爸爸却是独自承担起照顾宝宝的所有事情。

现在就让我们一起走进动物爸爸的世界吧。

慈祥的节肢动物爸爸们

照顾大家庭的盲蛛爸爸

亚马孙地区有一种盲蛛不属于昆虫纲，就像蜘蛛和蝎子一样，属于蛛形纲。这种盲蛛的雄性非常勤劳，盲蛛妈妈将卵产在树叶下面或树皮缝隙等地方之后，盲蛛爸爸就负责来守护这些卵。一只盲蛛爸爸会守护多只盲蛛妈妈的卵，即使这些卵与它没有血缘关系，于是这只盲蛛爸爸就变成了一个大家庭的看护者，它能看护 500 个卵呢！它将这些卵看护得很好，保证它们不会被吃掉，这些卵也能更好地存活下来。

背上驮满宝宝的蝽爸爸

在美洲，有一种生活在水里的巨型蝽类，蝽妈妈准备产下 100 多个卵时，它根本不会为找一个特别隐蔽的地方而烦恼，而是直接将卵产在蝽爸爸的背上。蝽爸爸会把它们背在身上度过半个月到一个月的时间，直到卵孵化，蝽宝宝们四散离去。通常情况这种蝽是会飞的，但是当卵粘在它的背上时，它就不能飞了！在这段不能飞的时间里，带着卵的蝽爸爸不得不把自己隐藏得非常好，有时会躲进水里迅速游动逃开来保护卵，同时也是保护它自己。

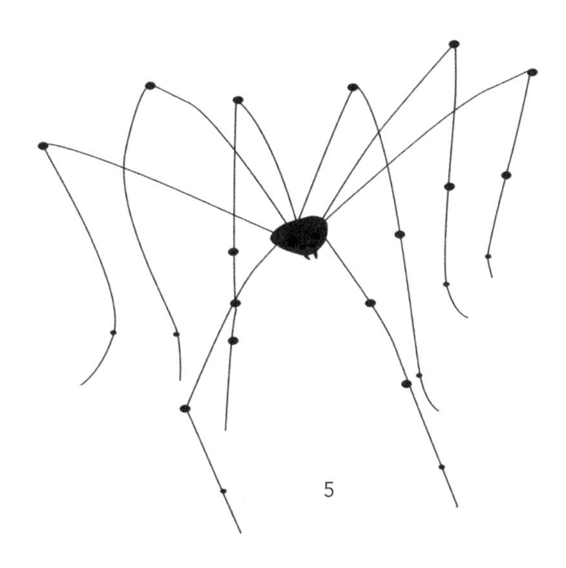

愿做贴身保镖的马陆爸爸

某些马陆爸爸会守卫在卵附近，保护它们，直到它们安全长大。它可真是宝宝们的贴身保镖！

寻找育儿用“房”的葬甲爸爸

森林里一个雄性葬甲闻到了老鼠尸体的味道，它迅速地冲过去。很快，其他闻到气味的雄性葬甲也会迅速赶来。它们围绕着尸体忙个不停，快速将其埋起来，因为尸体继续暴露在外就会吸引苍蝇和其他昆虫前来。当雄性葬甲和雌性葬甲交配后，葬甲妈妈就会把卵产在老鼠尸体里面，这里便成了它们养育幼儿的“房子”。一切完成后，葬甲爸爸会把其他雄性葬甲赶走，独自留下来和葬甲妈妈一起照顾葬甲宝宝们。这对葬甲夫妻将悉心照顾所有的幼虫，直到它们长大。

鱼类家族里的超级爸爸们

用嘴育儿的海鲶鱼爸爸

在大多数鱼类家族里，一旦产下鱼卵并受精之后，鱼爸爸和鱼妈妈就都不再去管它们了。但是，有一些种类的鱼会继续照顾它们的鱼卵，而且很多都是鱼爸爸承担起这个责任。为了保护鱼妈妈产下的 50 个卵，海鲶鱼爸爸将它们放在自己的嘴里，长达近两个月！在这段时间内，海鲶鱼爸爸不能吃东西，否则，它会将小宝宝吞进肚子里。有些罗非鱼爸爸不但用嘴来保护自己的卵，甚至会保护卵孵化成的小鱼，遇到危险时小鱼就会躲进爸爸的嘴里。它们在嘴里会不会让鱼爸爸感到很痒呢?

能生宝宝的海马爸爸

海马爸爸会“怀孕”，生育小海马！海马妈妈将卵产在海马爸爸的育儿囊里，随后便离开了。由海马爸爸照看它们，直到它们发育成小海马。海马爸爸通过收缩腹部进行分娩，近百只甚至上千只小海马会从爸爸的体内出来进入水中。完成分娩后，海马爸爸疲惫不堪，需要休息几天。小海马从此便不得不自食其力了。

育儿方式多样的海龙爸爸

海龙和海马是亲戚，它们同属于海龙科，而海龙相对身体更细长。海龙中的一些种类也像海马一样，由海龙爸爸通过育儿囊来孕育宝宝，之后将它们分娩出去。而有些种类，比如刁海龙，是将卵附于身体上，海龙爸爸走到哪里就把它们带到哪里。

为育儿可牺牲一切的刺鱼爸爸

当刺鱼准备繁殖时，雄性刺鱼会先来到浅水区，选择一个合适的地点建造产卵巢。它用嘴把大岩石下面的碎石和藻类清理掉，整理出一个隐蔽之所，然后衔来材料建筑巢穴。雌性刺鱼会将卵产在巢穴里，雄性刺鱼让鱼卵受精。接下来，刺鱼爸爸会花时间为鱼卵发育提供充足的氧气，它的鳍就像扇子一样扇动，让水中的空气流通。一旦蟹或其他鱼类靠近，它就会毫不客气地把它们赶跑！这样它这些珍贵的卵就不会遭遇来自其他动物的威胁。为了自己的鱼宝宝，如此危险又辛苦的事情鱼爸爸都坚持去做，还有什么事情它不能做呢？

幸福的蛙爸爸们

用声囊育儿的达尔文蛙

达尔文蛙是以著名的生物学家查尔斯·达尔文的名字来命名的，因为它是达尔文于一次环球旅行的过程中在智利发现的。蛙爸爸要用几个星期的时间来看管蛙妈妈产下的卵，以防它们被捕食者吃掉。那么蛙爸爸会做些什么呢？蛙爸爸会“吞”下它们，这里的“吞”可不是吃掉它们！蛙爸爸是把蝌蚪宝宝吞入自己的声囊。声囊是蛙爸爸喉咙和腹部的一个袋状结构，通过它可以发出动听的叫声。小蝌蚪在声囊中逐渐长大。当蝌蚪变成了蛙，甚至还留着一条小尾巴时，蛙爸爸就会把它们一个接一个地从嘴里吐出来，送它们去迎接更广阔的天地。“孩子们，跳出来吧！赶快开始你们自己独立的新生活吧！”

会“空手道”的玻璃蛙爸爸

玻璃蛙生活在中美洲和南美洲。之所以称其为玻璃蛙，是因为它们的皮肤是透明的，以至于可以透过皮肤看到它们跳动的心脏和蠕动的消化道。玻璃蛙爸爸会一直看守着蛙妈妈产在热带雨林里树叶上的卵。因为胡蜂总想吃掉这些卵！玻璃蛙爸爸要怎样赶走这些和它体型差不多大的昆虫呢？当胡蜂靠近蛙卵时，蛙爸爸会用力踢它，让它远离蛙卵。

助产蟾爸爸

“助产蟾”这个名字太贴切了。助产蟾妈妈把几十个卵从体内排出。这些卵看起来像一大串珍珠。助产蟾爸爸会向这些卵喷洒精子让卵受精，然后它将卵带缠绕于后肢上，带着这些未来的小宝宝返回隐蔽湿润的洞穴。像这样与爸爸待在一起是避开所有喜欢吃蛙卵的动物的好方法。为了防止卵变干死掉，助产蟾爸爸会定期将它们弄湿。就在卵快要孵化之时，助产蟾爸爸会把它们带入水中。小蝌蚪们在水中孵化出来后，就必须独自去应付未来生活中的难题了。

背娃游走的箭毒蛙爸爸

在南美洲的热带雨林中，霓股箭毒蛙爸爸背着蝌蚪，小蝌蚪们就像吸盘一样粘在爸爸的背上。它们聚集在爸爸的背上形如一个背包，爸爸走到哪里就将它们背到哪里。箭毒蛙爸爸需要找到一个小水塘把它们放在里面，让它们在那里游动，不断成长，从蝌蚪变成蛙。但是对于爸爸来说选择一个合适的水塘确实不容易，因为许多水塘里都生活着蜻蜓的幼虫，它们可是贪婪而无情的家伙，特别喜欢吞食这些小蝌蚪。另外，如果水塘的水干了，箭毒蛙爸爸还需要回来找到它的小蝌蚪宝宝们，再带上它们去找新的水塘。

另类的鳄鱼爸爸们

爬行动物爸爸和妈妈大多不会去照顾自己的宝宝。卵被爬行动物妈妈埋在地下，孵化后，小海龟、小蜥蜴或者小蛇就必须独自面对生活中的所有危险了。生活在亚洲的泽鳄却不是这样的。孵化期间，泽鳄妈妈会监视着周围的环境以避免其他鳄鱼来袭。当幼鳄破壳遇到困难时，泽鳄爸爸或泽鳄妈妈会把卵放在牙齿间，轻轻将其咬开，以便幼鳄顺利地从蛋壳里出来；当幼鳄从卵中破壳而出时，泽鳄爸爸或泽鳄妈妈会帮助它们从沙地中走出来，然后用嘴把它们带到水里。

无所不能的动物爸爸们

奥菲尔德鼠宝宝由鼠爸爸和鼠妈妈共同照顾，它们会长得更健康。

在侏獴家族中，妈妈很少陪宝宝们玩耍，陪着宝宝们玩耍是爸爸的职责！带着宝宝们玩耍的爸爸四处跳跃，在尘土中翻滚！它这样做也是在教宝宝们如何猎取食物。

疣鼻天鹅爸爸会和疣鼻天鹅妈妈一起带着孩子出来觅食。天鹅宝宝们累了可以钻进爸爸妈妈的翅膀里、站在爸爸妈妈的背上，这样它们既觉得很温暖，又受到了爸爸妈妈的保护。

如慈母一般照顾孩子的鸟爸爸们

独自育儿的鸸鹋爸爸

鸸鹋是生活在澳大利亚的一种大型鸟类，虽然它和鸵鸟不是一家的，但它像鸵鸟一样，不会飞，却擅长快速奔跑。雄性鸸鹋负责用树枝、树叶、树皮和草建造巢穴。雌性鸸鹋在巢穴里产蛋，产完蛋便离开巢穴，它作为妈妈的工作到此便结束了！鸸鹋爸爸用近两个月的时间孵蛋，它几乎一直趴在巢穴里，不吃东西，全靠体内的脂肪维持生命，因此也几乎不上厕所！当鸸鹋宝宝孵化出来后，它们不用多久便可以跟着鸸鹋爸爸到处行走。此时，鸸鹋爸爸仍要看护鸸鹋宝宝，以防其他动物吃掉它们，并教会它们哪些草可以吃。这样的陪伴时光至少持续半年，之后鸸鹋宝宝就可以独立生活了。

多子多孙的美洲鸵爸爸

雄性美洲鸵比雄性鸸鹋做得还要夸张，它会和 5~7 只雌性美洲鸵交配，这些美洲鸵妈妈把蛋产在一个窝里。但是美洲鸵爸爸并不是一个只会到处诱惑雌性美洲鸵的花心大萝卜，它接下来便会独自照顾这一窝鸵鸟蛋。你问一个窝里有多少枚鸵鸟蛋？可能有 30 枚喔！而且，在小美洲鸵被孵出之后，美洲鸵爸爸还会继续照顾这些小宝宝。美洲鸵爸爸真是动物世界里的好爸爸。

灰瓣蹼鹬爸爸的安全屋

灰瓣蹼鹬爸爸也是一位独自抚养孩子的单身爸爸。灰瓣蹼鹬妈妈在阿拉斯加潮湿的大草原上产下卵之后便会离开，由灰瓣蹼鹬爸爸独自孵蛋并承担起之后抚育孩子的所有工作。雏鸟破壳而出后，便开始适应周围的环境。这段时间内它们会面临很多危险，因为它们还不会飞行，保护自己的能力不强，很容易被猎食它们的动物抓住。比如贼鸥就非常喜欢捕食这些雏鸟。幸运的是有灰瓣蹼鹬爸爸在！一旦贼鸥靠近这些雏鸟，灰瓣蹼鹬爸爸就会将所有的雏鸟藏在自己的羽毛下。贼鸥既看不到它们，也不知道它们在哪里！

忍受饥饿的帝企鹅爸爸

帝企鹅生活在世界上最寒冷的大陆——南极洲。帝企鹅爸爸和帝企鹅妈妈一起来抚养它们唯一的小宝贝，但帝企鹅爸爸会有一段很长的时间独自孵蛋。当帝企鹅妈妈产下蛋后，便立即把它交给帝企鹅爸爸。帝企鹅爸爸用它的双脚小心地接过蛋，用腹部肥厚温暖的皮毛把蛋盖好。蛋绝对不能掉落在冰面上，否则它很快就会被冻裂。接着，帝企鹅妈妈就去大海里捕鱼补充营养，帝企鹅爸爸则留下孵蛋。帝企鹅爸爸长达两个月不吃不喝，也不能随意走动。小帝企鹅出生后，帝企鹅爸爸的体重几乎降到原来的一半。直到帝企鹅妈妈返回来与帝企鹅爸爸换班，帝企鹅爸爸才能去大海里捕鱼吃。

在家办学的斑胸草雀爸爸

对于斑胸草雀来说，雄性唱出动听的歌，不光是为了宣示自己的领地，还可以吸引雌性从而求偶。那么，需要一所学校专门教小斑胸草雀唱歌吗？绝对不需要！斑胸草雀爸爸在家里就会教雏鸟们如何吹出哨音，如何发出像笛子一样的声音，如何高声长鸣。雏鸟们就像小孩子学说话一样，认真聆听斑胸草雀爸爸发出的声音，记住发声的方法，然后模仿练习。

巧妙运水的沙鸡爸爸

沙鸡生活在干旱的环境中。小沙鸡出生之后，如果没有得到精心照顾，就会面临渴死的危险，幸亏它们有尽职尽责的好爸爸！沙鸡腹部的羽毛结构比较特殊，可以吸收水分。因此沙鸡爸爸会去小池塘里把羽毛弄湿，然后迅速飞回鸟巢。这样，沙鸡宝宝就可以喝吸附在沙鸡爸爸腹部羽毛中的水，从而成功地活下来。

足智多谋的双领鸻爸爸

双领鸻爸爸会想尽一切办法来保护自己的蛋。当危险的郊狼靠近鸟巢的时候，双领鸻爸爸便会垂下翅膀，向远离鸟巢的方向奔跑，就好像自己受伤了一样。这样做郊狼就会被吸引，转而追赶双领鸻爸爸并试图抓住它。当郊狼被足智多谋的双领鸻爸爸耍得团团转，渐渐远离鸟巢后，双领鸻爸爸就会振翅飞向天空，把郊狼甩开。

神通广大的非洲水雉爸爸

有一种动物爸爸承包了所有育儿的事情！它就是非洲水雉爸爸。颈部长有金黄色羽毛的非洲水雉生活在非洲水草茂盛的沼泽、池塘中，它们的腿很长，走在水生植物上，乍一看就像是行走在水面上。水雉爸爸负责筑巢、孵蛋和哺育雏鸟，并在很长时间里都与雏鸟生活在一起。当危险来临的时候，雏鸟们会迅速藏到水雉爸爸的腹部下方，而水雉爸爸会用翅膀将这些小家伙夹起，只露出脚，此时水雉爸爸看上去就像是长了 6 条或者 8 条腿！一旦危险解除，雏鸟们便一只接一只从爸爸的翅膀下面走出来，刚刚水雉爸爸身上悬垂的小鸟腿就会消失，水雉爸爸就又变成只有两条腿了。

无所不能的哺乳动物爸爸们

全能型的河狸爸爸

河狸爸爸和河狸妈妈每天从早到晚忙个不停。它们要建造一家人生活的巢，还要用树干和树枝在它们的巢前建一个小小的私人湖泊，在这里一家人可以安心地畅游。当幼崽出生后，每天河狸爸爸会外出寻找食物，将鲜嫩可口的小树枝带给在家里哺乳小河狸的河狸妈妈。河狸爸爸也会用身上特殊腺体产生的油脂涂抹小河狸的皮毛。当小河狸离开家在水里游动的时候，这层油脂会起到保暖和防水的作用。

助产士狨爸爸

哺乳动物很少有动物爸爸独自照顾幼崽的情况，但是有些动物爸爸会在动物妈妈分娩时给予很多帮助。在南美洲有 40 多种狨，它们通常都是一胎产下两个孩子。在狨妈妈分娩时，有些狨爸爸会给予协助，用牙齿咬断小狨的脐带，并在小狨刚出生时就立即将其体毛舔干。之后，狨爸爸就会背着小狨四处走动，必要的时候把小狨交给狨妈妈喂奶，吃完奶后，小狨会再回到狨爸爸的背上。

溺爱孩子的夜猴爸爸

夜猴爸爸尽心尽力地照顾它的幼崽，除了把幼崽交给夜猴妈妈喂奶，其余时间都会带着它。夜猴爸爸保护幼崽，为它梳洗打扮，在它害怕的时候给予安慰和关心，教导它选择合适的水果。在夜猴爸爸照顾幼崽期间，夜猴妈妈的任务就是吃好喝好睡好，以便为幼崽提供优质的奶水。

无微不至的狼爸爸

狼爸爸会非常细心地照顾自己的幼崽。如果幼崽因为走得太远迷了路，狼爸爸就会出去寻找它。凭着超强的嗅觉，根据小狼身上的味道定位后，狼爸爸很快就能找到幼崽并将它带回家！当小狼断乳后，狼爸爸会给它们带来很小的食物，照顾它们并和它们一起玩耍。

陪孩子玩游戏的狮子爸爸

游戏对小狮子的成长非常重要！狮子爸爸几乎不照顾孩子，但是它们偶尔会陪孩子玩耍。

全职奶爸

土狼和斑鬣狗一样生活在非洲，但它们有不同的地方，土狼并不猎食瞪羚或斑马，它们主要吃白蚁！当土狼妈妈喂养幼崽时，为了补充营养，它常常不得不离开幼崽，花费大量时间去寻找美味的昆虫。但是土狼妈妈又怎么敢让它的孩子自己待在家里呢，这将使孩子们处于危险之中。怎么办？当然是靠土狼爸爸了！在土狼妈妈出去寻找食物时，土狼爸爸会一直陪在幼崽身边，以确保它们的安全。

居家老爸

橙腹草原田鼠有一个团结的家庭。田鼠爸爸和田鼠妈妈一起生活，分担所有的家务。它们共同挖洞筑巢。田鼠爸爸会让田鼠宝宝依偎在自己身上，用体温温暖它们。这种啮齿动物非常安静，很少发生争斗。但是别以为它们好欺负！如果另一只雄性田鼠闯入田鼠的洞穴中，田鼠爸爸就会发出最猛烈的攻击！

保护家人的大猩猩爸爸

在非洲的黑猩猩、大猩猩和亚洲的猩猩等类人猿家族中，并没有无微不至地照顾幼崽的爸爸。但大猩猩家族里有行使保护义务的爸爸。一群大猩猩生活在一起，其中包括一只成年雄性大猩猩与几只成年雌性大猩猩，还有一些各个年龄段的幼崽。大猩猩爸爸不断在自己领地的周围巡视，以保护整个家庭的成员。偶尔，大猩猩爸爸会与幼崽们嬉戏玩耍，用手指梳理它们的毛，给它们捉虱子。清除身上的虱子是最受猴和类人猿欢迎的按摩方式。除了可以清除皮毛上的昆虫，给幼崽捉虱子也可以增进大猩猩爸爸和幼崽之间的亲密关系。

善于照顾幼崽的地中海猕猴爸爸

在地中海猕猴家族里，雌性猕猴会和同一猴群中不同的雄性猕猴交配，因此出生的幼崽根本不知道自己的爸爸是谁。不过没有关系，在猕猴群里，所有的雄性猕猴都会照顾新出生的小猕猴。它们会和小猕猴一起玩耍，当小猕猴因为害怕而哭泣的时候，离它最近的雄性猕猴就会过来安慰它、帮助它。每只雄性猕猴都喜欢向雌性猕猴展示自己多么善于照顾小猕猴。因为只有这样做它才会获得与雌性猕猴交配的资格。

两个爸爸，为什么不可以呢？

两个天鹅爸爸

有时，两只雄性天鹅会结为伴侣，并共同养育后代。黑天鹅就是这样，一对雄性黑天鹅如果发现被遗弃的天鹅巢，就会收养巢里的蛋，将它们孵化。有时会有一只或者两只雄性黑天鹅与一只雌性黑天鹅交配。当天鹅妈妈产下蛋后，天鹅爸爸就会把它赶走，由两个天鹅爸爸轮班完成孵化蛋的任务。小天鹅出生后，两个天鹅爸爸会保护和照顾它们，带领它们在自己的地盘里觅食。

两个企鹅爸爸

在澳大利亚悉尼海洋生物水族馆里有两只雄性巴布亚企鹅，一只叫 Magic，另一只叫 Sphen，它们出双入对、形影不离，已经在一起生活很长时间了。有一天，它们开始用石头筑巢，准备孵蛋。由于雄性企鹅不能产蛋，水族馆的饲养员就给了它们一枚企鹅蛋。于是，这两只雄性企鹅轮流孵育这个企鹅蛋。不久之后，一只小企鹅降生了，它可是有两个企鹅爸爸哦！